BEI GRIN MACHT SICH IHR WISSEN BEZAHLT

- Wir veröffentlichen Ihre Hausarbeit, Bachelor- und Masterarbeit

- Ihr eigenes eBook und Buch - weltweit in allen wichtigen Shops

- Verdienen Sie an jedem Verkauf

Jetzt bei www.GRIN.com hochladen und kostenlos publizieren

Christian Groß

Logistik und Globalisierung

Kühllogistische Herausforderungen und Möglichkeiten in sich verändernden Nahrungsmittelmärkten

GRIN Verlag

Bibliografische Information der Deutschen Nationalbibliothek:

Die Deutsche Bibliothek verzeichnet diese Publikation in der Deutschen National-
bibliografie; detaillierte bibliografische Daten sind im Internet über http://dnb.d-
nb.de/ abrufbar.

Impressum:

Copyright © 2010 GRIN Verlag GmbH
Druck und Bindung: Books on Demand GmbH, Norderstedt Germany
ISBN: 978-3-656-58936-5

Dieses Buch bei GRIN:

http://www.grin.com/de/e-book/268548/logistik-und-globalisierung

Logistik und Globalisierung – Kühllogistische Herausforderungen und Möglichkeiten in sich verändernden Nahrungsmittelmärkten

Hausarbeit

vorgelegt am: 22. Februar 2010

Johannes Gutenberg-Universität Mainz, Geographisches Institut

Veranstaltung: Hauptseminar Globalisierung, Gesellschaft, Geographie

Semester: WS 2009/2010

von

Name: Groß

Vorname: Christian

INHALT

1 GEGENSTAND

Im Rahmen des Hauptseminars »Globalisierung, Gesellschaft, Geographie« im Geographischen Institut der Johannes Gutenberg-Universität Mainz stehen im Wintersemester 2009/2010 die Komplexität des Globalisierungsbegriffs und die damit einhergehenden veränderten Rahmenbedingungen menschlichen Handels innerhalb der modernen Gesellschaft im Fokus des Interesses. Neben sozio-kulturellen, politischen und technologischen Entwicklungstendenzen spielen insbesondere ökonomische Veränderungen vor dem Hintergrund umfassender globaler Vernetzungsprozesse menschlicher Aktivitäten eine wichtige Rolle.

Die Anzahl transnationaler Unternehmen sowie globale Arbeitsteilung nehmen ständig zu, Güter und Dienstleistungen durchlaufen zunehmend verschiedene Wertschöpfungsstufen über Unternehmens- und Ländergrenzen hinweg. In sich permanent verändernden Märkten und harten Wettbewerbssituationen werden Planung und Koordination von Wertschöpfungsprozessen mit dem Ziel der Befriedigung von Kundenbedürfnissen immer wichtiger.

Dem Autor drängt sich die Frage auf, welche Rolle, vor diesem komplexen Zusammenhang der Globalisierungsdiskussion verbunden mit sich permanent verändernden Wettbewerbssituationen von Unternehmen auf globalen Märkten, dabei der LKW auf der Straße einnimmt. Den Transport von Waren zwischen einem Lieferpunkt und einem Empfangspunkt assoziieren viele Menschen mit dem Begriff der »Logistik«. Aber was genau ist darunter zu verstehen, welche Rolle spielen logistische Aktivitäten in modernen Märkten und wie haben sich logistische Herausforderungen im Laufe der Zeit vor dem Hintergrund der Globalisierung verändert? Diesen Fragen soll im Verlauf dieser Arbeit nachgegangen werden.

Zuerst soll dabei auf die Stellung der Logistik innerhalb der Unternehmung und mögliche Definitionsversuche eingegangen werden. Zudem sollen Verbindungen zwischen Logistik und in der aktuellen Literatur vermehrt beschriebenen Wertschöpfungsprozessen hergestellt werden und eine unternehmens- bzw. staatsgrenzenübergreifende Betrachtung logistischer Prozesse erfolgen. Kapitel 3 soll wichtige, mit Globalisierung zusammenhängende Entwicklungen bzw. Veränderungen von Rahmenbedingungen sowie die damit einhergehenden sich permanent verändernden Herausforderungen für die Logistik verdeutlichen. Kapitel 4 macht am Beispiel der sich in den letzten Jahrzehnten gravierend verändernden »Food Economy«, sowie der damit zusammenhängenden Problematik von Kühllogistik und Technologisierung deutlich, in welchem Umfang sich Unternehmen mit logistischer Planung und Koordination auseinandersetzen müssen und welche Zukunftpfade es zu bedenken gibt, um in Zeiten immer stärker werdender Marktdynamik wettbewerbsfähig zu sein.

2 STELLUNG DER LOGISTIK INNERHALB DER UNTERNEHMUNG

2.1 Logistikbegriff

Dem Begriff »Logistik«, zu dem mittlerweile unzählige Fachbücher und weitere Veröffentlichungen erschienen sind, werden in der Literatur keinesfalls eindeutige Definitionsversuche beigemessen (Klaus/Krieger 2000: XIII). Pfohl ordnet die Vielzahl vorhandener betriebswirtschaftlicher Definitionen in drei Kategorien (Pfohl 2004: 12). Er unterscheidet dienstleitstungsorientierte Definitionen von lebenszyklusorientierten Definitionen und grenzt beide von den flussorientierten Definitionen, welche in Wissenschaft und Praxis die weiteste Verbreitung erfahren, ab. Letztere betrachten Logistik als einen

»Prozeß der Planung, Realisierung und Kontrolle des effizienten, kosteneffektiven Fließens und Lagerns von Rohstoffen, Halbfabrikaten und Fertigfabrikaten und der damit zusammenhängenden Informationen vom Liefer- zum Empfangspunkt entsprechend den Anforderungen des Kunden« (Pfohl 2004: 12)

im Rahmen der wirtschaftenden Unternehmung. Neben den drei Definitionskategorien von Pfohl ist noch eine weitere, zweckorientierte Version denkbar, nach der die Logistik sicherstellen soll, »dass die richtigen Güter, Informationen und Dienstleistungen zur richtigen Zeit am richtigen Ort in der richtigen Menge und in der richtigen Qualität zu richtigen (möglichst geringen) Kosten zur Verfügung stehen« (Arndt 2008: 37). »Die Grundfunktion von Logistiksystemen ist die raum-zeitliche Veränderung von Gütern« (Pfohl 2004: 8), welche mit einem Informationsaustausch zwischen Liefer- und Empfangspunkt einhergeht. »Diese Sichtweise der Logistik wird als Transport-, Umschlag-, Informations- und Lagerlogistik bezeichnet (TUIL-Logistik)« (Vahrenkamp 2007: 7). Darüber hinaus können die logistischen Grundfunktionen als Dienstleistungen verstanden werden, da sie Güter verwalten und bewegen ohne sie im Sinne der Produktionswirtschaft umzuformen (Vahrenkamp 2007: 7-8; Schieck 2008: 21). Die nachfolgende Abbildung veranschaulicht die zur Erfüllung der Logistikfunktionen ablaufenden Logistikprozesse und die durch diese bewirkte Gütertransformation:

ABBILDUNG 1: Logistikprozesse und dadurch bewirkte Gütertransformation (Pfohl 2004: 9).

Logistikprozesse						
Güter- transformation	Lagern	Transpor- tieren, Umschla- gen (Hand- haben)	Umschla- gen (Zusam- menfassen, Auflösen)	Umschla- gen (Sor- tieren)	Verpacken, Signieren	Aufträge über- mitteln, bear- beiten
Zeitänderung	●					
Raumänderung		●				
Mengenänderung			●			
Sortenänderung				●		
Änderung in den Transport-, Umschlags- und Lagereigenschaften					●	
Änderung in der logistischen Determiniertheit des Gutes						●

|◄――――――――――― Güterfluß ―――――――――――►| |►◄――►|
Informa-
tionsfluß

Das »Umschlagen« als logistischer Prozess ist in diesem Fall weit gefasst, denn es beinhaltet sowohl das Handhaben (z.b. Einlagerung von Gütern in ein Regal), das Zusammenfassen und Auflösen (z.b. von Paletten), sowie das Sortieren (z.B. beim Kommissionieren) (Pfohl 2004: 8; Arnold et al. 2008: 6-7). Die Zuordnung der Lagerungs-, Transport- und Umschlagsprozesse zu den jeweiligen Gütertransformationsarten liegt auf der Hand, während die Verpackungsform die angesprochenen Prozesse erleichtert oder gar erst ermöglicht. Signierungen können Lagerung und Transport durch wichtige Hinweise vereinfachen. Durch den Informationsfluss während der Auftragsabwicklung wird das logistisch indeterminierte zu einem logistisch determinierten Gut.

Ein weiteres Modell logistischer Funktionen entsteht mit dem Versuch, sie in die betrieblichen Funktionen einzuordnen (Vahrenkamp 2007: 7). Hierbei wird zwischen Beschaffungs-, Produktions-, Distributions- und Entsorgungslogistik unterschieden, was der Logistik eine Art »Querschnittsfunktion« (Haasis 2008: 5; Schulte 2009: 19; Stabenau 2008: 27) beimisst und in Abb. 2 veranschaulicht ist:

ABBILDUNG 2: Einordnung der Logistik in die betrieblichen Funktionen (Vahrenkamp 2007: 7).

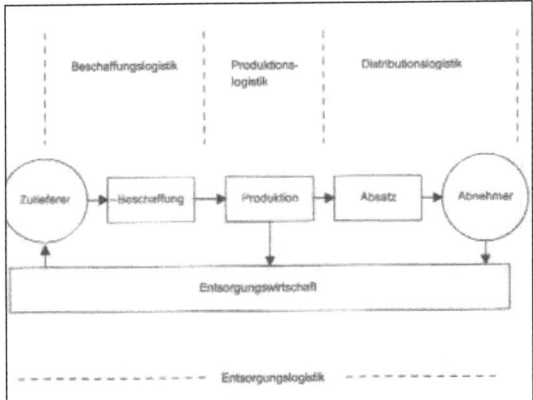

Diese Arten der Logistik, die insbesondere bei Industrieunternehmen unterschieden werden, können auch als »phasenspezifische Subsysteme« bezeichnet werden (Pfohl 2004: 17).

2.2 Logistik als Wertschöpfungsprozess

»Logistik soll dem Gestaltnutzen eines an sich zweckgeeigneten Gutes Orts- und Zeitnutzen hinzufügen« (Pfohl 2004: 21) und durch diese Form der Wertschöpfung eine Bedürfnisbefriedigung erzielen. Unter »Wertschöpfung« wird in der Betriebswirtschaftslehre »zum einen der Ergebnisbeitrag eines Unternehmens zum Sozialprodukt verstanden« (Haasis 2008: 6), zum anderen jedoch auch ein Mehrwert-verursachender Prozess, welcher häufig im Rahmen internationaler Arbeitsteilung auf verschiedene Länder und Betriebe verteilt wird (Günther/Tempelmeier 2005: 2). »Der Wertschöpfungsprozess stellt eine Abfolge an Aktivitäten dar, die einem Produkt oder einer Dienstleistung Wert hinzufügen« (Haasis 2008: 6). Das Prozessergebnis soll Nachfrage erzeugen. »Logistik ist damit zur Umsetzung des Eignungswertes von Gütern in ihren Gebrauchswert notwendig« (Schieck 2008: 18).

Der logistische Servicegrad als Operationalisierungsmöglichkeit logistischer Leistungsfähigkeit spielt dabei eine wichtige Rolle. »Die schnelle, zuverlässige und flexible Herstellung von Objektverfügbarkeiten [...] verbessert [...] die Effizienz der Leistungserstellungsprozesse in der Unternehmung und erhöht [...] den Erfolg der Unternehmung auf ihrem Absatzmarkt« (Schieck 2008: 18-19). Der Logistikservice setzt sich nach Schulte aus folgenden Komponenten zusammen (Schulte 2009: 7-10):

- Lieferzeit
- Lieferzuverlässigkeit
- Lieferqualität
- Lieferflexibilität
- Informationsfähigkeit

Schieck unterscheidet in seiner Darstellung zwischen Lieferzuverlässigkeit und Lieferbereitschaft und vernachlässigt in diesem Zusammenhang die Komponente der Informationsfähigkeit (Schieck 2008: 18).

Die Lieferzeit beschreibt die Zeit von der Auftragserteilung durch einen Kunden bis zum Zeitpunkt der Bereitstellung der Ware beim Kunden, wohingegen die Lieferzuverlässigkeit für die Wahrscheinlichkeit steht, mit der die Lieferzeit eingehalten wird (Schulte 2009: 8-9; Arnold et al. 2008: 8). Unter Lieferqualität werden die Liefergenauigkeit nach Art und Menge sowie deren Zustand zusammengefasst. Die Lieferflexibilität drückt die Fähigkeit des Auslieferungssystems aus, besondere Kundenanforderungen befriedigen zu können. Informationsfähigkeit steht für die Möglichkeit, Kundenanfragen vor, während und im Anschluss an die Auftragsbearbeitung schnell und präzise zu beantworten (Schulte 2009: 9-10).

Neben der Logistikleistung stellen die Logistikkosten den zweiten Bestandteil des Logistikerfolgs dar. Beide Komponenten zu optimieren ist i.d.R. nicht möglich, so dass eine sinnvolle Vorgehensweise in der Festlegung eines gewünschten Lieferservice zu minimierten Logistikkosten besteht (Arnold et al. 2008: 8; Schulte 2009: 10-12).

2.3 Logistikketten und Supply Chain Management

Die verschiedenen, aufeinander folgenden Arbeitsprozesse von der Beschaffungs- über die Produktions- und Distributions- bis hin zur Entsorgungslogistik einer Unternehmung werden in der Literatur häufig als »Logistikkette« (zunehmend als »Wertschöpfungskette«) bezeichnet (Arnold et al. 2008: 4-5). Allerdings ist zu bemerken, dass diese Bezeichnung eine lineare Form logistischer Leistungen mit einseitiger, dem Endkonsumenten zugewandter Richtung assoziiert, obwohl sie in der Realität einen umfassenden Netzwerkcharakter aufweist.

Da viele Produkte und Dienstleistungen heute zunehmend über Unternehmens- und Ländergrenzen hinaus erstellt und abgesetzt werden haben sich neue Begrifflichkeiten, neben der sich vor allem auf die unmittelbaren Beschaffungs- und Absatzmärkte der Einzelunternehmung beziehende Logistikkette durchgesetzt.

»Die Gesamtheit aller auf ein bestimmtes Endprodukt bezogenen produktiven und logistischen Maßnahmen von der Rohstofferzeugung bis zum Erwerb durch den tatsächlichen Endverbraucher heißt Versorgungskette oder Supply Chain. Ihre unternehmensübergreifende Gestaltung, Aktivierung und Kontrolle unter den Aspekten der Prozesszuverlässigkeit und der Rentabilität heißt Supply Chain Management« (Schieck 2008: 24).

Modernes Logistikverständnis sieht Logistik bzw. das Supply Chain Management daher als einen speziellen »Führungsansatz zur Entwicklung, Gestaltung, Lenkung und Realisation effizienter und effektiver Flüsse von Objekten [...] in unternehmensweiten und –übergreifenden Wertschöpfungssystemen« (Schieck 2008: 25), sowie eine »querschnittsorientierte Grundhaltung zur zeiteffizienten, kunden- und prozessorientierten Koordination von Wertschöpfungsaktivitäten« (Schieck 2008: 25). Dabei wird insbesondere der Organisation von Schnittstellen zwischen einzelnen Abteilungen/Unternehmen bzw. Prozessschritten ein hoher Wert beigemessen (Arndt 2008: 34).

ABBILDUNG 3: Beispielhafte Darstellung einer Supply Chain mit typischer Netzwerkstruktur (Schulte 2009: 15).

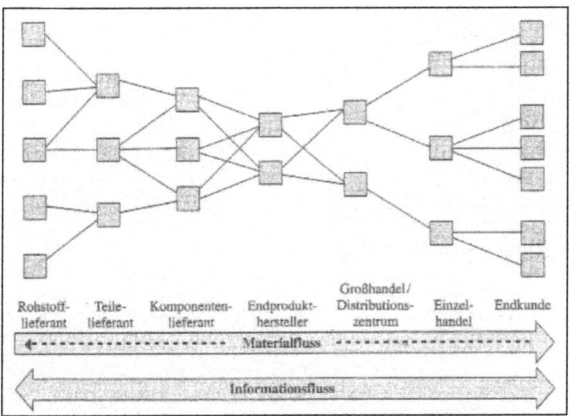

Nach Selzer bestehen die klassischen Zielsetzungen des Supply Chain Managements im Lösen von Kundenproblemen, der Sicherung und Erhöhung der Qualität, der Verringerung von Tätigkeits- bzw. Durchlaufzeiten sowie der Minimierung der Gesamtkosten (Selzer 2009: 45-48). Im Zusammenhang mit der Qualität sei hervorzuheben, dass der Kunde die Qualität von Gütern und Dienstleistungen definiert und die Art und Weise sowie den Umfang der nachzufragenden Leistungen selbstständig festlegt. Des Weiteren bezeichnet Selzer das Supply Chain Management als »die organisatorische und letztlich unternehmerische Antwort auf die vielen Herausforderungen der Globalisierung« (Selzer 2009: 4). Im Folgenden soll daher ein Einblick in die Entwicklungen wirtschaftlicher Rahmenbedingungen und Veränderungen der letzten Jahrzehnte gewährt werden.

3 ENTWICKLUNG DER LOGISTIK UND SICH VERÄNDERNDE ANFORDERUNGEN IM RAHMEN DER GLOBALISIERUNG

Der Begriff der Logistik entstammt ursprünglich dem militärischen Bereich (Arndt 2008: 27). Dort bestand die Aufgabe der Logistik darin, Soldaten, Waffen, Ausrüstungs- und Versorgungsgüter zu transportieren und zu unterhalten. Erst nach dem zweiten Weltkrieg führten gesellschaftliche und wirtschaftliche Veränderungen zu einer zunehmend wichtigeren Stellung von Logistikleistungen. Im Folgenden sollen einige wichtige Rahmenbedingungen, die vor dem Hintergrund der »Globalisierung« zu einem sich kontinuierlich verändernden Logistikverständnis beigetragen haben, aufgezeigt werden. Globalisierung ist einer der heute weltweit am häufigsten, jedoch zugleich am missverständlichsten verwendeten Begriffe (Dicken 2007: 3). Nach Leser ist Globalisierung ein »Dynamischer Prozess einer weltweiten Integration von Wirtschaftsbeziehungen, der durch die Veränderung politischer, sozialer, institutioneller, technologischer, und ökonomischer Rahmenbedingungen ausgelöst worden ist« (Leser 2005: 310). Dicken bezeichnet die Globalisierung als die neue ökonomische, aber auch soziale, politische und kulturelle Weltordnung (Dicken 2007: 5).

Globalisierungserscheinungen haben daher vielfältige Ursachen, die auch als Umweltdeterminanten die Unternehmung beeinflussen und von denen einige Beispielhaft in nachfolgender Abbildung dargestellt sind:

ABBILDUNG 4: Ursachen der Globalisierung (Selzer 2009: 7).

technologische:

- weltumspannendes Kommunikationsnetzwerk (Internet, Mobilfunk etc.)

- Senkung der Transaktionskosten durch moderne Verkehrs- und Transaktionstechnologien

ökonomische:

- Deregulierung auf Güter- und Arbeitsmärkten
- Abbau von Handelshemmnissen
- Abbau von Devisen- und Kapitalverkehrsbeschränkungen
- Mobilität und Kapital von Wissen
- steigende Direktinvestitionen im Ausland
- Bildung multinationaler Unternehmen
- verändertes Verbraucherverhalten (Produktvielfalt)
- zunehmende Konkurrenz durch Schwellen- und Entwicklungsländer

sozio-kulturelle:

- zunehmende Mobilität

- globale Produkte

- wachsende Angleichung von Lebensstilen, Normen, Ritualen und Wertvorstellungen

politisch-rechtliche:

- Neue Wachstumszentren v.a. im asiatisch-wirtschaftlichen Raum
- Transformation der Wirtschaftsordnungen in mittel- und osteuropäischen Ländern
- Zusammenbruch des Sozialismus und Abbau politischer Spannungen
- EU-Erweiterung

Spätestens seit Anfang der 1990er Jahre und dem Zusammenbruch kommunistischer Systeme in der ehemaligen Sowjetunion und China wird Globalisierung als neue Herausforderung für die Logistik genannt (Stabenau 2008: 27), jedoch lässt sich aus einer Vielzahl von Definitionen erahnen, dass mit allen früheren Globalisierungstendenzen unmittelbar neue logistische Herausforderungen einhergehen.

Bereits vor Christi Geburt pflegten Völker globale Handelsbeziehungen, indem sie Waren über weite Strecken transportierten und tauschten (Abele et al. 2006: 3). Ab etwa 1850 förderten elementare technische Innovationen (z.b. Eisenbahn) den grenzüberschreitenden Handel in umfangreicherem Ausmaß. Massenproduktionen realisierten Größeneffekte und mit dem Durchbruch der Fernmeldetechnik Anfang des 20. Jahrhunderts konnten wirtschaftlich rentable Produktionsstätten im Ausland organisiert und koordiniert werden (Abele et al. 2006: 4).

Leistungsfähige Wettbewerbswirtschaften verursachten nach dem zweiten Weltkrieg einen Wechsel vom Verkäufer- zum Käufermarkt und mit der wachsenden und sich individualisierenden Nachfrage wurde das »Marketing« geboren. (Stabenau: 25). Käufermärkte, bei denen Kunden eine gestärkte Marktstellung innehaben entstanden aufgrund der gestiegenen Konkurrenzsituation im Wettbewerb und der dadurch erhöhten Auswahl an Lieferanten (Arndt 2008: 17). Unternehmen waren gezwungen sich über ihren (kosteneffizienten) Logistikservice zu differenzieren, denn in gesättigten Märkten ist Unternehmenswachstum nur auf Kosten der Marktanteile der Konkurrenz realisierbar (Arndt 2008: 18; Engelhardt-N./Oberhofer 2006: 19). Damit einher ging die erste Ausprägung der Logistik als Distributionslogistik und das Bestreben eine flächendeckende Lieferbereitschaft zu realisieren. Modelle von Zentrallagern oder Outsourcingprozesse traten auf.

Eine Beschleunigung erfuhr die Globalisierung zudem durch die Liberalisierung des Handels, als sich in den Jahrzehnten nach dem zweiten Weltkrieg aufgrund multinationaler Verhandlungen und politischer Entwicklungen eine Vielzahl von Volkswirtschaften dem Import von Gütern und Dienstleistungen aus dem Ausland öffneten (Arndt 2008: 8-10). Die Welthandelsorganisation bemühte sich erfolgreich um die Reduktion weltweiter Handelsbarrieren (z.B. durch Senkung von Zöllen), der Internationale Währungsfond um die Liberalisierung der Kapitalströme (Schieck 2008: 32-33). Direktinvestitionen in ausländische Märkte wurden zudem durch die Abschaffung von Monopolen, wie z.B. Post, Strom oder Wasser, gefördert. Die Ausdehnung der Absatz- und Beschaffungsmärkte führte zu einer stark wachsenden Anzahl an Unternehmen, die ihre Produkte und Dienstleistung anboten, d.h. größeren Absatzmärkten steht im Gegenzug ein größerer Konkurrenzdruck gegenüber (Selzer 2009: 17). Die Möglichkeit, in einer Vielzahl anderer Länder direkt zu investieren, Betriebe zu gründen und erstellte Güter zu exportieren eröffnete völlig neue Perspektiven der Standortwahl (Arndt 2008: 10). Arbeitsintensive Produkte konnten in Niedriglohnländern hergestellt werden, während komplexe Güter in Regionen mit hochqualifiziertem Personal und guten Infrastrukturverhältnissen erzeugt wurden.

In den späten 1970er Jahren fand in der japanischen Automobilbranche mit dem »Just-in-time-Modell« eine Verschiebung von der Serien- zur Auftragsfertigung statt, was sich in den frühen 1980er Jahren auch in den USA fortsetzte. Im Gegensatz zu der bis dahin praktizierten Betrachtung einzelner Glieder der Logistikkette wurde nun eine unternehmensübergreifende Optimierung der Materiallogistik zwischen Lieferant und Produzent realisiert (Schulte 2009: 18). Diese führte nicht zuletzt aufgrund der steigenden Variantenvielfalt und sinkenden Fertigungstiefe, welche eine zunehmende Anzahl an in die Wertschöpfung integrierte Lieferanten einbezieht, zu immer komplexeren Herausforderungen der Logistik (Stabenau: 25-26; Pfohl 2004: 64).

Im Verlauf der 1980er Jahre resultierte aus der vorherrschenden Kaufkraftsteigerung eine zunehmende individualisierte Nachfrage, welche zu einem starken Anstieg der Artikelvielfalt im Handel führte und dadurch nach weiteren logistischen Verbesserungen verlangte. Erst ab Mitte der 1980er Jahre wurde damit begonnen, die mit logistischen Abläufen verbundenen Kosten zu ermitteln und »sich von gewohnten Eigenfertigungen und Totaldistributionen abzuwenden, um insgesamt flexibler, kostengünstiger und damit wettbewerbsfähiger zu werden« (Stabenau: 26).

Zuverlässigkeit und Qualität werden zu wichtigen Entscheidungskomponenten, wenn es darum geht Kompetenzen auf externe Unternehmen zu übertragen. Die Möglichkeit der Konzentration auf Kernkompetenzen und der Auslagerung von Arbeitsprozessen in eine Vielzahl anderer Länder (global sourcing), sowie das Wachstum des Weltgüterverkehrs im Allgemeinen sind zudem eng verknüpft mit dem Fortschritt in den Transport- und Informationstechnologien (Schieck 2008: 35). Transporte zu Land, Wasser oder in der Luft sind mit stetig sinkenden Kosten verbunden, so z.B. die Luftfrachtkosten, die in den letzten zwanzig Jahren real um etwa 40 Prozent kostengünstiger wurden oder die Seefracht mit gar 70 Prozent ersparnis (Arndt 2008: 9-10). Telekommunikation, welche es heute ermöglicht, zu jeder Zeit mit nahezu jedem beliebigen Ort auf der Welt zu kommunizieren, wurde um bis zu 95 Prozent günstiger.

Anthony Giddens beschreibt Globalisierung u.a. vor dem Hintergrund einer »Time-Space-Distanciation« (Zeit-Raum-Distanzierung). Ihr liegt eine Reorganisation des Raum-Zeit-Zusammenhangs zugrunde (Giddens 2008: 28-33). Die Entkopplung von Raum und Zeit bedeuten eine Veränderung zweier zentraler Rahmenbedingungen menschlicher Existenz. Als Beispiele seien zum einen Geld, welches einen Zeitaufschub bei Tauschgeschäften ermöglicht, sowie auf Codieren und De-Codieren beruhende Kommunikation, die einen Raumtransport überflüssig macht, erwähnt (Giddens 2008: 36-37). Für die Standortwahl und Transportorganisation von Unternehmen bedeutet dies in der Praxis, dass die räumliche zugunsten zeitlicher Nähe an Bedeutung verliert. Die Frage lautet nun nicht mehr »wo?« oder »wie weit?«, sondern »wann?« bzw. »wie lange?«.

Das stetige Wachstum der Weltwirtschaft, welches aus den beispielhaft genannten Veränderungen globaler Märkte und deren Rahmenbedingungen resultiert, basiert auf vermehrt globaler Arbeitsteilung und damit einhergehenden immer komplexer werdenden Logistikaufgaben, die zunehmend in höheren Managementebenen getroffen werden (Stabenau: 28). Haasis ist der Auffassung, dass Globalisierungsprozesse überhaupt erst durch Logistik denkbar sind (Haasis 2008: 3). Permanenten, zunehmend unvorhersehbareren Änderungen von Kundenanforderungen ist, wie erwähnt, insbesondere in gesättigten Märkten mit großer Sensibilität zu begegnen (Haasis 2008: 14-15). Wesentliche Forderungen der Konsumenten in den Industrienationen bestehen aktuell z.B. aus den in Kapitel 2.2 aufgezeigten Komponenten des Logistikservice, Produktsicherheit, Umweltverträglichkeit und kompletten Problemlösungen (Haasis 2008: 14).

4 KÜHLLOGISTIK ALS WETTBEWERBSFAKTOR DER FOOD ECONOMY

4.1 Food Economy

Ein gutes Beispiel für Branchen mit sich verändernden, hochanspruchsvollen logistischen Herausforderungen ist die so genannte »Food Economy«. Produktion, Verteilung und Konsumption von Nahrungsmitteln haben sich in den vergangenen Jahrzehnten stark verändert (Barrett et al. 2004: 19; Dicken 2007: 347). So genannte »High Value Foods« (HVF), wie Früchte, Gemüse, Geflügelfleisch, Molkereiprodukte oder Schalentiere nehmen im Vergleich zu klassischen Export-Agrarprodukten (z.b. Kaffee, Tee, Kakao, Zucker, Tabak) eine zunehmend wichtigere Stellung im globalen Handel ein (Dicken 2007: 347).

Durch anhaltendes Weltwirtschaftswachstum gestiegene Löhne und Gehälter sowie zunehmende Urbanisierungstendenzen hat sich die Nachfrage nach Nahrungsmitteln enorm verändert bzw. erhöht (Dicken 2007: 358). Es wird im Verhältnis wesentlich weniger Geld für Nahrungsmittel ausgegeben als noch vor einigen Jahrzehnten und auch Nachfragemuster sind auffallenden Veränderungen unterworfen. Für Konsumenten auf nordamerikanischen oder europäischen Märkten treten beispielsweise Jahreszeiten zugunsten einer »permanent global summertime« (Dicken 2007: 348; Barrett et al. 2004: 19) zunehmend in den Hintergrund. Frisches Obst zur Winterzeit im Supermarkt nachfragen zu können führt zu stetig wachsenden Ansprüchen gegenüber Produkten und Dienstleistungen und wird zunehmend zu einer Selbstverständlichkeit (Haasis 2008: 14). Durch technische Verbesserungen können HVF heute 48 stunden nach der Ernte im Supermarktregal zum Verkauf angeboten werden (Barrett et al. 2004, S. 20). Des Weiteren gibt es einen Trend hin zu so genannten »Convenience-Produkten«, die schnell und bequem zuzubereiten und im Falle von Fast Food oft schon vorgegart sind (Selzer 2009: 76; Vahrenkamp 2007: 107). Bei frischem Obst muss diese Form von Veredelung (z.B. zu Fruchtsalaten) zwischen Ernte am Produktionsstandort und Absatz im Supermarkt geschehen. Barrett nennt beim Käuferverhalten Großbritanniens aktuelle Trends wonach eine steigende Nachfrage nach gesundem, auf ethisch vertretbare Weise produziertem, ganzjährig erhältlichem HVF zu verzeichnen ist mit dem Hauptaugenmerk auf Qualität und Auswahl anstatt Masse und Preis (Barrett et al. 2004: 19).

Während die Produktion solcher Nahrungsmittel aufgrund klimatischer oder bodengeographischer Voraussetzungen einen lokal ablaufenden Prozess darstellt findet deren Distribution und Konsumption in globalen Dimensionen statt (Dicken 2007: 348). Dickens' Aussage »The geographies of agro-food production, distribution and consumption have been transformed dramatically during the span of only a few decades« (Dicken 2007: 376) spielt u.a. auf die teilweise enormen Distanzen zwischen Produktions- und Konsumort an, wodurch ein unmittelbarer Zusammenhang mit der sich verändernden gesellschaftlichen Bedeutung von Raum und Zeit einher geht.

Der Anteil von frischen Früchten und Gemüse am Gesamtwert von global gehandelten Agrarprodukten ist von ungefähr 12 Prozent (zwischen 1977 und 1981) auf etwa 17 Prozent zwischen 1997 und 2001 angestiegen (Dicken 2007: 354). Hierbei sei zu erwähnen, dass traditionelle Produkte wie Orangen, konservierte Ananas und -

Pilze oder konzentrierte Fruchtsäfte einen geringeren Aufschwung erfahren haben als nicht-traditionelle Waren wie Mangos, frische Ananas und - Pilze, unkonzentrierte Fruchtsäfte oder Avocados. Typische Anbaugebiete für Früchte und Gemüse aus Afrika sind z.b. Kenia und Simbabwe (Dicken 2007: 350; Barrett et al. 2004: 20). Die stark vernetzte Supply Chain reicht typischerweise von privat - oder firmenbetriebenen Farmen über Exportunternehmen, Importunternehmen bis hin zu den Supermarktketten in Industriestaaten (Barrett et al. 2004: 29).

Ohne eine umfassende Entwicklung von Transport- und Kommunikationsprozessen wäre eine globale Verteilung von frischen Agrarprodukten, wie sie heute vielerorts praktiziert wird, nicht möglich (Dicken 2007: 360). Die Food-Economy wird von Dicken sogar als Globalisierungsindikator betrachtet: »One of the most widely quoted indicators of globalization is the distance over which the food in our shopping basket or on our dinner table has travelled« (Dicken 2007: 360). Ein umfangreiches Supply Chain Management mit permanenten Informationsströmen und hochentwickelten Technologien welches die Anbaugebiete über Kühlketten mit den Supermärkten verbindet und zudem immer bessere Qualitäten bei kürzeren Lieferzeiten realisiert, ist Voraussetzung, um im harten Wettbewerb zu bestehen (Barrett et al. 2004: 20, 28). Im Folgenden sollen beispielhaft die Herausforderungen der Kühllogistik näher betrachtet werden.

4.2 Kühllogistische Herausforderungen

Auf der weltweiten Märkten ist eine deutliche Zunahme von Handelswaren zu verzeichnen, deren Transport speziell definierten klimatischen Bedingungen unterliegen muss (Arnold et al. 2008: 571).

»Unter Transport versteht man die Raumüberbrückung oder Ortsveränderung von Transportgütern mit Hilfe von Transportmitteln. [...] Das Transportproblem in einem logistischen Netzwerk ist gekennzeichnet durch das Transportgut, die Struktur und Beschaffenheit des Liefergebietes, die Standorte der Liefer- und Empfangspunkte sowie durch die Art des Angebots und der Nachfrage seitens dieser Punkte« (Pfohl 2004: 162-163). Grundsätzlich sind im Zusammenhang mit einem Transportproblem die Fragen nach dem günstigsten Transportmittel sowie dem günstigsten Transportprozess zu stellen. Ein Transportproblem liegt z.B. auch in der »Bestimmung der Lieferpunkte und der von ihnen auszuliefernden Gütermengen derart, daß die gesamten Transportkosten bei der Belieferung der Empfangspunkte mit den von ihnen nachgefragten Gütermengen minimiert werden« (Pfohl 2004: 163). Außerdem ist »die optimale Beladung eines Transportmittels, die Bestimmung des kürzesten Weges zwischen einem Lieferpunkt und einem Empfangspunkt oder die Bestimmung der optimalen Gesamtroute für die Belieferung mehrerer Empfangspunkte von einem Lieferpunkt von Bedeutung« (Pfohl 2004: 163). »Die Lösung des Transportproblems besteht letztlich im Aufbau einer Transportkette. [...] In einer eingliedrigen Transportkette sind Liefer- und Empfangspunkt [...] in ungebrochenem Verkehr oder Direktverkehr ohne Wechsel des Transportmittels unmittelbar verbunden. In einer mehrgliedrigen Transportkette findet dagegen ein Wechsel des Transportmittels [...] statt« (Pfohl 2004: 164). In mehrgliedrigen Transportketten lassen sich in der Regel drei typische Phasen unterscheiden. Dem Vorlauf von den Lieferpunkten zu einem Sammelpunkt folgt der Hauptlauf, einem Streckenverkehr vom Sammelpunkt zum Verteilpunkt. Der

Nachlauf, welcher wie der Vorlauf als »Flächenverkehr« bezeichnet werden kann, verbindet Verteil- und Empfangspunkt. Beim Güterverkehrssystem sind Land-, Luft- und Wasserverkehr zu unterscheiden (Pfohl 2004: 167)

Im Allgemeinen ist festzuhalten, dass die Anforderungen an Transport und Lagerung mit steigendem Frischegrad und sinkender Verarbeitungsstufe zunehmen. (Vahrenkamp 2007: 106) Aufgrund des hohen Anspruchs der Kunden an Frische und Qualität der Lebensmittel besteht die Möglichkeit für Lebensmittelanbieter, sich durch frischebetonte Ware in einwandfreiem Zustand positiv am Markt zu positionieren. Die temperierpflichtigen Waren sind auf dem gesamten Weg innerhalb der Distributionskette Wechselwirkungen mit ihrer jeweiligen Umwelt ausgesetzt, so dass sich die produktspezifischen Anforderungen in erster Linie auf die Einhaltung von Temperaturgrenzen beziehen (Arnold et al. 2008: 571). Aber auch gesetzliche Vorschriften machen strenge Kontrollen und Überwachungen entlang der gesamten Supply Chain notwendig. Aufgrund der erforderlichen permanenten Kühlung wird auch von »temperaturgeführten Waren« gesprochen (Vahrenkamp 2007: 107).

Das internationale HACCP-Konzept (Hazard Analysis and Critical Control Points) zur Sicherheit von Lebensmitteln und Verbrauchern hat Grenzwerte für Temperaturen festgelegt. Beispielsweise sollen Tiefkühlprodukte mindestens -18°C unterliegen, während sich Ultra-Frischeprodukte wie z.B. rohes Geflügelfleisch zwischen 0 bis +2°C, Frischprodukte wie Obst und Gemüse zwischen +4 bis +7°C bewegen sollen (Arnold et al. 2008: 571). Produkte, die diesen HACCP-Kriterien nicht entsprechen dürfen seit dem Jahr 2006 weder innerhalb der Europäischen Union gehandelt noch in diese eingeführt werden.

Kühlartikel sind hochempfindlich, weshalb bereits geringe Abweichungen von der Soll-Temperatur zu erheblichen Qualitätsverlusten führen können (Vahrenkamp 2007: 107). Einige wesentliche Merkmale temperaturgeführter Güter sind nach Vahrenkamp:

- differenzierte Temperaturansprüche der einzelnen Warengruppen
- kürzere Haltbarkeit
- größere Empfindlichkeit
- höhere Hygieneanforderungen
- kleinere Auftragsgrößen
- höhere Belieferungsfrequenz

Auf Anhieb wird ersichtlich, dass eine permanente Überwachung der gesamten Netzwerkstruktur notwendig ist, um gesetzlich vorgeschriebene Temperaturvorgaben und damit hohe Produktqualitäten und -sicherheiten zu gewährleisten. »Das Ergebnis einer solchen effizienten sowie schnittstellenübergreifenden Logistikkette muss die zeitnahe, warenvorauseilende und transparente Gestaltung der verschiedenen Logistikprozesse sein« (Vahrenkamp 2007: 107). Außerdem sind möglichst kurze Transportzeiten und ein zeitnaher Warenumschlag bei temperaturgeführten Handelsgütern von großer Bedeutung. »Entsprechend temperierte und dimensionierte Bereitstellungszonen, leistungsfähige Andockmöglichkeiten und schnelle Identifikationssysteme sind notwendig« (Vahrenkamp 2007: 107-108). Aufgrund der im Vorangegangenen dargestellten Anforderungen an die Kühllogistik verzichten beispielsweise die deutschen Unternehmen Aldi, Lidl und Edeka bewusst auf mögliches Outsourcing dieser Dienste um mit eigenen Dienstleistungsgesellschaften einen höheren Lieferservice zu erreichen (Vahrenkamp 2007: 109).

Der Transport temperatursensibler Waren kann durch die Systeme der »aktiven und passiven Kühlkette« erfolgen (Arnold et al. 2008: 571). Erste besteht aus gekühlten Fahrzeugen während bei der passiven Kühlkette ungekühlte Fahrzeuge und spezielle Isolierbehälter zum Einsatz kommen.

»Die Anforderungen an die aktive Kühlkette beziehen sich insbesondere auf die Umschlagsprozesse, wo die Waren den geschützten Bereich der Temperaturführung verlassen und Schnelligkeit gefordert ist [...] Bei der passiven Kühlkette sind es letztlich Verpackungen, Ladungsträger und Ladeeinheiten auf die diese Anforderungen der Einhaltung bestimmter Temperaturgrenzen weitgehend übertragen werden« (Arnold et al. 2008: 571).

Eine elementare Herausforderung im Rahmen der Kühllogistikkette besteht daher in der Auswahl von geeigneten Verpackungsformen, um die geforderten Vorgaben bezüglich Innenraumtemperaturen einerseits sowie die technisch-funktionalen Merkmalen hinsichtlich Transportierbarkeit bzw. Kombinierbarkeit mit anderen Transporteinheiten andererseits zu gewährleisten. Die Anforderungen an die Verpackung variieren je nach Ort im logistischen Netzwerk, d.h. bei Produktion, Transport, Umschlag oder Präsentation im Einzelhandel. (Vahrenkamp 2007: 328). Sie gilt es bei der Auswahl der Verpackung oft unter Kompromissfindung auszuwählen. Ferner sind gesetzliche Vorschriften wie die Fertigverpackungsverordnung oder die Lebensmittelkennzeichnungsverordnung zu beachten. Verpackungen müssen in verschiedenen Situationen neben klimatischen auch physikalischen, biologischen oder chemischen Belastungen standhalten. Die sorgfältige Auswahl von Verpackungen über die gesamte Supply Chain hinweg beinhaltet in logistischer und wirtschaftlicher Hinsicht wichtiges Potenzial (Arnold et al. 2008: 572). Mögliche zusätzliche Kosten, die in Kühllogistikketten neben typischen Verpackungs- und Versandkosten entstehen, können z.B. durch Lagerung und Vorkühlung der Verpackungen oder Rückführungen von Isolierverpackungen und Leergut anfallen (Arnold et al. 2008: 572-573).

4.3 Das Datenerfassungssystem RFID als Chance für die Kühllogistik

Neben Entwicklung und Einsatz geeigneter Verpackungsmaterialien und -formen wird auch Forschung über effiziente Möglichkeiten und Techniken zur Überwachung der geforderten Temperaturgrenzen betrieben (Arnold et al. 2008: 571-572). In der Tat scheint es heutzutage möglich Temperaturcontrolling und die Identifizierung von Transportinhalt und -verpackung miteinander zu kombinieren.

Bei der Warenidentifikation und -steuerung, d.h. produkt- und prozessbezogene Informationen zu gewinnen, zu verwalten und zur Verfügung zu stellen, zeichnet sich ein Trend zur Verwendung der sog. »Radiofrequenztechnik für Identifikationszwecke« (RFID) ab (Vahrenkamp 2007: 67). Die zu identifizierenden Objekte werden dabei mit RFID-Tags (sog. Transpondern) versehen anstelle von konventionellen Barcodes (Strichcodes), welche in den letzten 30 Jahren die führende Technologie zur berührungslosen Datenerfassung darstellten. Transponder sind automatische Antwortsender, die auf eingehende Signale reagieren und bestehen aus einem Mikrochip zur Informationsspeicherung, einer Antenne für den Datenaustausch sowie einer umgebenden Schutzhülle. Codierung und Decodierung der auf dem Chip gespeicherten bzw. zu speichernden Daten erfolgen über spezielle Lese-/Schreibstationen, die mit (Software-)Anwendungen verbunden sind. Lese- bzw. Schreibvorgang erfolgen automatisch mit dem Eintritt der Transporter in die Reichweite der Lese-/Schreibstationen (Kern 2007: 33-36; Vahrenkamp 2007: 67; Arnold et al. 2008: 825-826).

Es wird zwischen aktiven und passiven Transpondern unterschieden, wobei erste die benötigte Energie zum Datenaustausch aus einer Batterie beziehen (Vahrenkamp 2007: 68). Passive Geräte arbeiten lediglich mit der Energie des elektromagnetischen Feldes, was die Lese-/Schreibstation umgibt. »Zur Warenidentifikation und -verfolgung in der Logistikkette, insbesondere zur Steuerung und Kontrolle des Warenflusses in Distributionssystemen der Konsumgüterindustrie und des Einzelhandels, werden ausschließlich passive Transponder verwendet« (Vahrenkamp 2007: 68). Dabei sind drei, in ihrer Komplexität zunehmende Anwendungsstufen zu unterscheiden:

- Kennzeichnung/Identifikation auf Ladungsträgerebene und damit lediglich Ablösung des EAN-Transportetiketts durch einen RFID-Tag
- Kennzeichnung/Identifikation auf Karton-/Behälterebene
- Kennzeichnung/Identifikation auf Artikel-/Stückebene wobei jedem Artikel ein internationaler, individueller elektronischer Produktcode (EPC) zugewiesen wird

Mit dem EPC können artikelspezifische Stamm- und Bewegungsdaten wie z.B. Artikelbezeichnung, Chargennummer oder Mindesthaltbarkeitsdatum abgerufen werden. Ein weiterer großer Vorteil von Transpondern besteht darin, dass die Datenerfassung ohne Sichtkontakt zwischen Datenträger und Lesegerät durch alle festen, nichtmetallischen Stoffe hindurch ablaufen kann und somit eine Vielzahl von Gütern gleichzeitig eingelesen und identifiziert werden können (Kern 2007: 1; Vahrenkamp 2007: 70). Des Weiteren spricht für den Einsatz von Transpondern die Tatsache, dass sie im Gegensatz zu Barcodes unempfindlich gegen Verschmutzung sind woraus eine niedrigere Lesefehleranfälligkeit resultiert. Zudem werden größere Reichweiten und Speicherkapazitäten ermöglicht. Im Falle der komplexesten Anwendungsstufe mit einer individuellen Kennzeichnung jeder einzelnen Produkteinheit verspricht man sich u.a. folgende Verbesserungen innerhalb der Supply Chain (Vahrenkamp: 70):
- Beschleunigung des Warenein- bzw. Ausgangs
- Senkung der Fehlerrate bei der Kommissionierung durch automatischen Abgleich von Auftrag und Ergebnis
- Vereinfachung von Inventuren und Bestandskontrollen
- Verbesserte Rückverfolgbarkeit von Handelsgütern entlang der gesamten Supply Chain

Wolfram stellt zudem heraus, dass alle an der Supply Chain beteiligten Partner sämtliche Arbeitsabläufe unmittelbar in ihre EDV-Systeme übertragen, weiterverarbeiten und wichtige Dokumente wie Lieferscheine elektronisch übertragen können (Wolfram 2008: 117). Neben der Möglichkeit Prozesse entscheidend zu beschleunigen weist RFID ein vielfach weiteres Optimierungspotenzial auf und kann somit zu einer »schlankeren, effizienteren, transparenteren und sichereren Prozesskette« (Wolfram: 119), d.h. entscheidend zur Verbesserung des Lieferservice beitragen. Als eines der ersten Handelsunternehmen weltweit hat sich die Metro-Group im Jahr 2004 für den Einsatz der RFID-Technologie entlang ihrer gesamten Supply Chain entschieden (Wolfram: 116) Auf dem Weg zum flächendeckenden Einsatz der RFID-Technologie sind jedoch noch einige Entwicklungsschritte und Standardisierungsprozesse notwendig und Überzeugungsarbeit zu leisten, denn noch verbergen sich sehr hohe Investitionskosten hinter der Installation des Systems (Vahrenkamp 2007: 71). Nichts desto Trotz ist das Potenzial dieser Technologie für die Kühllogistik unübersehbar:

»Entwicklungen und Forschungen auf Basis der RFID-Technologie zeigen, dass es bereits heute grundsätzlich möglich ist, den Forderungen nach Temperaturmessung/-aufzeichnung und Identifizierung durch den Einsatz aktueller Ausführungen von RFID-Transpondern mit Sensorik und Datenspeicher zu entsprechen« (Arnold et al. 2008: 572).

Die Zielsetzung besteht in der Entwicklung eines Systems, bei dem ein RFID-Mikrochip während des Transports temperaturgeführter Ware permanent die Innentemperatur einer Isolier-Verpackungseinheit misst. Sowohl beim Warenausgang auf Herstellerseite als auch beim Wareneingang des Empfängers ließen sich auf diese Weise berührungslos die entsprechenden Temperaturverläufe auslesen und kontrollieren (Arnold et al. 2008: 578). Das vorschriftsmäßige Einhalten der Kühlkette kann damit lückenlos im Sinne wichtiger EU-Richtlinien, Qualitätssicherung, Produkthaftung und Verbraucherschutz zurückverfolgt werden.

»Das Monitoring der gesamten Supply Chain und des Tracking und Tracing von temperaturempfindlichen Gütern rücken damit in greifbare Nähe. Unternehmen profitieren von der gesteigerten Transparenz und Qualität, Aufsichts- und Überwachungsbehörden von einem verbesserten Controlling und die Verbraucher und Konsumenten von einer erhöhten Sicherheit« (Arnold et al. 2008: 579-580).

5 LOGISTIK ALS CHANCE ZUR DIFFERENZIERUNG IM ZUNEHMENDEN WETTBEWERB MODERNER MÄRKTE

Die vorliegende Arbeit hat die Komplexität des Logistikbegriffs aufgezeigt und verdeutlicht, welch großes Potenzial in der Optimierung von Supply Chains im Hinblick auf eine erfolgreiche Unternehmenspositionierung am Markt besteht. Logistik umfasst wesentlich mehr als den LKW auf der Straße, nämlich alle Waren- und Informationsflüsse zwischen Ort und Zeit der Herstellung eines Gutes bzw. einer Dienstleistung und Ort und Zeit der Konsumption durch den Endverbraucher. Diese vor dem Hintergrund der Globalisierung und einer zunehmenden internationalen Arbeitsteilung immer komplexer miteinander vernetzten Prozesse stellen enorme Anforderungen an logistische Entscheidungen und Kapazitäten. Im Zeitalter der Marktsättigung, Massindividualisierung und Unberechenbarkeit der Konsumenten gilt es für Unternehmen einen im Vergleich zur Konkurrenz am Markt umfassenden Logistikservice anzubieten um Kundenanforderungen zu befriedigen und damit Marktanteile zu halten bzw. auszubauen. Im Gegenzug sind die Logistikkosten für den angestrebten Logistikservicegrad zu optimieren. Am Beispiel der Food Economy wurde dargestellt, wie schnell sich internationale Marktsegmente entwickeln und verändern können, worauf es wiederum für die Unternehmung möglichst schnell zu reagieren gilt. HVF und damit einhergehende kühllogistische Herausforderungen sehen sich nicht zuletzt den erforderlichen, enorm kurzen Durchlaufzeiten über enorme Entfernungen sowie einer Vielzahl gesetzlicher Bestimmungen gegenüber. Auch neue Technologien wie RFID, welche Waren- und Informationsflüsse entscheidend beschleunigen können sind auf dem Weg zur Marktreife und sollten daher in zukünftige Investitionsplanungen einbezogen werden um Logistikserviceeinbußen im Vergleich zu Wettbewerbern zu vermeiden und Kostensenkungspotenziale zu erschließen. In Zukunft wird es nach Engelhardt-N./Oberhofer für die Logistik zunehmend um Netzwerke intelligenter, selbststeuernder Objekte in immer komplexeren Netzwerkstrukturen gehen.

»Die im Vergleich zu heutigen Maßstäben bis an die physischen Grenzen im Materialfluss weiter beschleunigte, dezentrale, selbststeuernde Logistikkette muss zusätzlich immer auch den Zustand des logistischen Objektes kennen. Dieser Zustand bedeutet einerseits Sicherheit und wird andererseits mit zum Entscheidungskriterium darüber, welche Aktivität als nächstes zu erfolgen hat. Konkrete Stichworte hierzu im Rahmen innovativer logistischer Konzepte lauten ›lückenlose Lebensakte‹, ›Identifikation, Ortung, Kommunikation und Steuerung‹« (Engelhardt-N./Oberhofer 2006: 198-199).

Die Logistik als Aufgabenfeld der Unternehmung wird also auch in Zukunft zu einem zunehmend entscheidenderem Wettbewerbsfaktor in den komplexer werdenden Marktstrukturen.

Literatur

Abele, Eberhard et al. (2006): Handbuch Globale Produktion, München: Hanser Fachbuchverlag.

Arndt, Holger (2008): Supply Chain Management: Optimierung logistischer Prozesse, Wiesbaden: Gabler.

Arnold, Dieter et al. (2008): Handbuch Logistik, Berlin: Springer.

Barrett, Hazel R. et al. (2004): From Farm to Supermarket: The Trade in fresh horticultural Produce from Sub-Saharan Africa to the United Kingdom, In: Hughes, A./Reimer, S. (2004): Geographies of Commodity Chains, Routledge. S. 19-38.

Dicken, Peter (2007): Global Shift. Mapping the changing Contours of the World Economy, London: Sage.

Engelhardt-Nowitzki, Corinna/Oberhofer, Albert F. (2006): Innovationen für die Logistik. Wettbewerbsvorteile durch neue Konzepte, Berlin: Schmidt.

Giddens, Anthony (2008): Konsequenzen der Moderne, Frankfurt a.M.: Suhrkamp.

Günther, Hans-Otto/Tempelmeier, Horst (2005): Produktion und Logistik, Berlin/Heidelberg: Springer.

Haasis, Hans-Dietrich (2008): Produktions- und Logistikmanagement, Wiesbaden: Gabler.

Kern, Christian (2007): Anwendung von RFID-Systemen, Berlin/Heidelberg: Springer.

Klaus, Peter/Krieger, Winfried (2000): Gabler Logistik Lexikon, Wiesbaden: Gabler.

Leser, Hartmut (2005): Diercke-Wörterbuch Allgemeine Geographie, München: Deutscher Taschenbuchverlag.

Pfohl, Hans-Christian (2004): Logistiksysteme. Betriebswirtschaftliche Grundlagen, Berlin/Heidelberg: Springer.

Schieck, Arno (2008): Internationale Logistik: Objekte, Prozesse und Infrastrukturen grenzüberschreitender Güterströme, München: Oldenbourg.

Schulte, Christof (2009): Logistik: Wege zur Optimierung der Supply Chain, München: Vahlen.

Selzer, Günther (2009): Supply Chain Management im Lichte der Globalisierung: Dienstleistung und Innovation als Schlüsselfaktoren für den Erfolg, Aachen: Shaker Media.

Stabenau, Hanspeter (2008): Zukunft braucht Herkunft! – Entwicklungslinien und Zukunftsperspektiven der Logistik, In: Baumgarten, Helmut (2008): Das Beste der Logistik, Berlin/Heidelberg: Springer, S. 25-30.

Vahrenkamp, Richard (2007): Logistik. Management und Strategien, München: Oldenbourg.

Wolfram, Gerd (2008): Auf dem Weg zur Prozesskette der Zukunft – RFID in der Handelslogistik, In: Baumgarten, Helmut (2008): Das Beste der Logistik, Berlin/Heidelberg: Springer, S. 115-119.